Ernst Probst

Hesperornis

Der große Vogel des Westens

GRIN Verlag

Bibliografische Information der Deutschen Nationalbibliothek:

Die Deutsche Bibliothek verzeichnet diese Publikation in der Deutschen National-
bibliografie; detaillierte bibliografische Daten sind im Internet über http://dnb.d-
nb.de/ abrufbar.

Impressum:

Copyright © 2014 GRIN Verlag GmbH
Druck und Bindung: Books on Demand GmbH, Norderstedt Germany
ISBN: 978-3-656-75505-0

Dieses Buch bei GRIN:

http://www.grin.com/de/e-book/281517/hesperornis

Ernst Probst

Hesperornis

Der große Vogel des Westens

Bild auf der vorhergehenden Seite:

*Lebensbild von Hesperornis,
angefertigt von dem Berliner Tiermaler
Heinrich Harder (1858–1935)*

*Allen Ornithologen und Paläornithologen
gewidmet*

*Ausschnitt aus einem Lebensbild von Hesperornis
von Joseph Smit (1836–1929)
aus dem Werk „Creatures of Other Days" (1894),
England*

Vorwort

Vogel mit Zähnen

Ein Vogel, der nicht mehr fliegen, dafür aber gut schwimmen und tauchen konnte, steht im Mittelpunkt des Taschenbuches „Hesperornis – Der große Vogel des Westens". Dieser von der Schnabelspitze bis zum Fußende bis zu 1,80 Meter lange Tauchvogel lebte in der Oberkreidezeit vor etwa 83,5 bis 78 Millionen Jahren an einem Flachmeer, das Nordamerika von Norden nach Süden durchzog. Er war ein Zeitgenosse von Flugsauriern, Meeressauriern und Dinosauriern, die damals die Lüfte, das Meer und das Land bevölkerten. Wie der Urvogel *Archaeopteryx* aus der Oberjurazeit vor rund 150 Millionen Jahren in Bayern trug auch *Hesperornis* noch Zähne im Schnabel. Die Entdeckung von *Hesperornis* fällt in die Zeit der legendären „Knochenkriege" bzw. „Knochenschlachten" zwischen den amerikanischen Paläontologen Othniel Charles Marsh (1831–1899) und Edward Drinker Cope (1840–1897). Jene beiden Wissenschaftler lieferten sich etwa drei Jahrzehnte lang einen erbitterten Wettstreit um möglichst viele Dinosaurier-Funde in den USA. Verfasser des Taschenbuches „Hesperornis – Der große Vogel des Westens" ist der Wiesbadener Wissenschaftsautor Ernst Probst, der zahlreiche Werke über urzeitliche Tiere geschrieben hat.

Deutscher Biologe, Naturforscher, Philosoph und Physiker
Ernst Haeckel (1834–1919)

Der große Vogel des Westens

In der Kreidezeit vor etwa 110 bis 66 Millionen Jahren lebten in Nordamerika, Asien, Europa und Antarktika flugunfähige Vögel, die teilweise eine beachtliche Größe erreichten. Ihr Brustbein war noch gut entwickelt, ihr Kiel reduziert und ihre Flügel waren zurückgebildet. Diese bis zu 2,20 Meter langen Vögel hatten sich allmählich auf eine tauchende Lebensweise spezialisiert. Offenbar fischten sie in Flachmeeren, die während der Kreidezeit einen großen Teil von Nordamerika bedeckten. Zeitgenossen von ihnen waren Dinosaurier, Flugsaurier und Meeressaurier.

Die flugunfähigen Tauchvögel und andere Vögel aus der Kreidezeit trugen in ihrem Schnabel einfache, spitze Zähne, die sich zum Ergreifen von Fischen und Tintenfischen eigneten. Früher hat man Vögel mit bezahnten Kiefern aus der Kreidezeit als „Kreidezahnvögel", „Zahnvögel" (Odontornithen) oder „Fischvögel" (Ichthyornithen) bezeichnet. Doch diese Begriffe gelten inzwischen als überholt.

Heute ordnet man die kreidezeitlichen Tauchvögel den Ornithurae („Vogel-Schwänze") zu. Diesen Begriff hat 1866 der deutsche Biologe, Naturforscher, Philosoph und Physiker Ernst Haeckel (1834–1919) geprägt. Zur Gruppe der Ornithurae gehören alle echten Vögel mit kurzer Schwanzform. Sie unterscheidet sich damit vom ungefähr taubengroßen Urvogel *Archaeopteryx* mit langem Schwanz aus der Oberjurazeit vor rund 150 Millionen Jahren. Haeckel rechnete *Archaeopteryx* einer anderen Gruppe namens Sauriurae zu. Außerdem zählen die erwähnten Tauchvögel zur Ordnung der Hesperornithiformes, die 1889 erstmals von dem deutschen Anatom und Ornithologen Max Carl Anton Fürbringer (1846–1920) wissenschaftlich beschrieben wurde.

Zur Ordnung der Hesperornithiformes rechnet man die Familien Baptornithidae, Enaliornithidae und Hesperornithidae.

Fossile Reste von Hesperornithiformes hat man in Nordamerika (Kansas und Alaska in den USA, Saskatchewan in Kanada), Europa

Amerikanischer Bankier und Unternehmer
George Peabody (1795–1869)

(Großbritannien, Schweden, Russland, Ukraine), Asien (Kasachstan, Mongolei) und Antarktika gefunden. Die meisten Arten existierten in der Oberkreidezeit. Zu den größeren Hesperornithiformes gehören die Gattungen *Canadaga* und *Hesperornis* aus der Familie der Hesperornithidae. Mittelgroß war die umstrittene Gattung *Coniornis*. Klein waren die Gattungen *Baptiornis* und *Parahesperornis*.

Hesperornis

Die Entdeckung des bis zu 1,80 Meter langen Tauchvogels *Hesperornis* aus der Oberkreidezeit vor etwa 83,5 bis 78 Millionen Jahren im westlichen Nordamerika fällt in die Zeit der berühmten „Knochenkriege" bzw. „Knochenschlachten" („Bone Wars") zwischen den amerikanischen Paläontologen Othniel Charles Marsh (1831–1899) und Edward Drinker Cope (1840–1897). Etwa drei Jahrzehnte lang lieferten sich die beiden Wissenschaftler einen erbitterten Wettstreit um möglichst viele Dinosaurier-Funde. Während dieser Fehde entdeckten die Beiden 142 Dinosaurier-Arten. Der neun Jahre ältere Marsh war ein Neffe des schwerreichen Bankiers und Unternehmers George Peabody (1795–1869) und wurde von diesem großzügig finanziell unterstützt.
Ab 1866 arbeitete Othniel Charles Marsh als Professor für Paläontologie an der „Yale University" in New Haven (Connecticut). 1866 trug sein spendabler Onkel George Peabody mit einer Stiftung zur Gründung des nach ihm benannten „Peabody Museum of Natural History" in New Haven bei, das 1876 eröffnet wurde. Dieses Haus ist ein Naturkundemuseum der „Yale University". Ebenfalls 1866 gegründet wurde das „Peabody Museum of Archeology and Ethnologie", das zur „Harvard University" in Cambridge (Massachusetts) gehört. Für dieses Museum stiftete George Peabody die für damalige Verhältnisse sehr hohe Summe von 150.000 US-Dollar. Von 1866 bis zu seinem Tod nach einer Lungenentzündung im Jahre 1899 fungierte Marsh als Direktor des „Peabody Museum of Natural History" in New Haven.

Amerikanischer Paläontologe
Othniel Charles Marsh (1831–1899)

Amerikanischer Paläontologe
Edward Drinker Cope (1840–1897)

Kampf zwischen einem Mosasaurus („Echse von der Maas")
und zwei Ichthyosauriern (Fischsaurier).
Gemälde von Heinrich Harder (1858–1935)
aus dem Buch „Wunder der Urwelt" (1912)
von Wilhelm Bölsche (1861–1939).
Die im Meer lebenden Mosasaurier
existierten in der Oberkreidezeit
vor 83,6 bis 66 Millionen Jahren in Europa und Nordamerika.

Edward Drinker Cope erhielt 1865 von der „Academy of Natural Sciences" in Philadelphia den Posten als Kustos, den er bis 1873 bekleidete. Von 1864 bis 1867 war er Professor für Naturgeschichte am privaten „Haverford College" in Haverford (Pennsylvania). 1884 wurde er Kustos am „National Museum of Natural History" in Washington. Zwischen 1889 und 1897 betätigte er sich als Professor für Geologie und Paläontologie an der „University of Pennsylvania". Ab 1895 übernahm er auch noch die Professur für Zoologie und vergleichende Anatomie. 1896 wählte man ihn zum Präsidenten der „American Association for the Advancement of Science" in Washington. So lange er lebte, hat er sich mit Marsh nicht mehr versöhnt. 1897 erlag Cope einem Nierenversagen.

Vor seinem Tod hatte Cope bestimmt, sein Körper solle der Wissenschaft zur Verfügung gestellt werden, weil dieser das Typusexemplar des *Homo sapiens* darstellen sollte. Bei der Präparation und Zusammenstellung seines Körpers stellte man jedoch Anzeichen einer beginnenden Geschlechtskrankheit (Syphyllis) fest, weswegen sein Leichnam im Archiv verschwand.

Irgendwann in den 1860-er Jahren, als in den USA der „Amerikanische Bürgerkrieg" (1861–1865) tobte, sind sich Marsh und Cope in Europa begegnet. Marsh studierte in Deutschland Paläontologie und Anatomie in Berlin, Heidelberg und Breslau. Cope unternahm auf Wunsch seines Vaters Auslandsreisen und hielt sich drei Jahre lang in Europa auf. Anfangs hatten Marsh und Cope großen Respekt voreinander und waren Freunde. Nach der Rückkehr aus Europa las Marsh verschiedene Artikel von Cope über dessen aus einer Mergelgrube an der Küste von New Jersey geborgene Fossilien. Daraufhin schlug Marsh vor, sie sollten diese Gruben zusammen untersuchen, worauf Cope einging. Die Beiden schätzten sich einander so sehr, dass sie Funde nach dem jeweils anderen benannten. Cope benannte eine Echse als *Colosteus marshii* und Marsh bezeichnete ein Meeresreptil als *Mosasaurus copeanus*.

Die Fehde zwischen Othniel Charles Marsh und Edward Drinker Cope begann vielleicht damit, dass Cope bei der Rekonstruktion des 1868 in

*Unkorrekte Zeichnung von Edward Drinker Cope
in „The American Naturalist“ von 1869
mit zwei Elasmosaurus (links vorne und rechts hinten)
mit vertauschtem Hals und Schwanz*

Bild auf Seite 15:

*Studio des britischen Rekonstruktionsexperten
Benjamin Waterhouse Hawkins (1807–1894)
in Sydenham (Süd-London)*

*Bill Cody (1846–1917), genannt „Buffalo Bill" (rechts)
zusammen mit dem Indianerhäuptling und Medizinmann
Sitting Bull (um 1831–1890)
bei einem Auftritt 1895 in Montreal (Kanada)*

Kansas entdeckten langhalsigen Meeresreptils *Elasmosaurus platyrus* im Jahre 1869 irrtümlich den Schädel statt auf den Hals an das Schwanzende setzte. Cope hatte diesen *Elasmosaurus* nicht selbst entdeckt, sonst wäre ihm dieser peinliche Fehler wohl nicht unterlaufen. Die fossilen Reste des *Elasmosaurus* waren nach Philadelphia geschickt worden, wo Cope sie untersuchte und beschrieb. Die Knochen des *Elasmosaurus* kamen in einer Zeit an, als der britische Rekonstruktionsexperte Benjamin Waterhouse Hawkins (1807–1894) auf der Suche nach urzeitlichen Reptilien für sein „Paläontologisches Museum" in den USA eintraf. Kaum hatte Cope die Beschreibung des *Elasmosaurus* geliefert, baute Hawkins in New York City bereits ein lebensgroßes Modell von *Elasmosaurus* auf. Als Marsh den Fehler von Cope bemerkte, lachte er lauthals darüber. Cope war deswegen tief gekränkt und meinte, man würde ihm diesen Fehler ewig anlasten. Jener Vorfall, der in der Wissenschaft nicht besonders beachtet wurde, löste vermutlich die erbitterte Fehde zwischen Cope und Marsh aus. Cope soll sein Irrtum und die Reaktion von Marsh darauf so mitgenommen haben, dass er es dem Kollegen heimzahlen wollte. Bei der Suche nach fossilen Resten von Sauriern und Dinosauriern in den USA wollte fortan jeder der Beste sein. Dabei wandten sie auch zweifelhafte Methoden wie Bestechungsversuche, Falschinformationen und Spionage an. Zuletzt ließ Marsh sogar Knochenreste, die nach hastiger Ausbeutung einer Fundstelle übriggeblieben waren, durch seine Suchmannschaft zerstören, nur damit sie nicht in die Hände von Cope fielen.

Von 1870 bis 1873 leitete Marsh alljährlich die „Yale College Scientific Expedition" bei der Suche nach Fossilien in den USA. Bei der ersten dieser insgesamt vier Expeditionen begleiteten ihn 1870 elf Studenten sowie eine militärische Eskorte der „Fifth Cavalry" mit zwei Lieutenants, zwei indianischen Führern und zwei Armee-Scouts. Anders als die Kavalleristen waren die Studenten zuvor noch nie länger auf einem Pferd geritten. Einer der beiden Scouts war kein Geringerer als Bill Cody (1846–1917), genannt „Buffalo Bill", der sich als Büffeljäger und Begründer des Showbusiness" einen Namen machte und ein Leben

*Lebensbild des Flugsauriers Pteranodon,
geschaffen von dem Berliner Tiermaler
Heinrich Harder (1858–1935)*

lang ein Freund von Marsh war. Am Loup Fork River, einem Nebenfluss des Platte River in Nebraska, fand die Expedition fossile Reste von sechs frühen Pferde-Arten, zwei verschiedenen Nashörnern, von einem Kamel und anderen Säugetieren.

Nach Grabungen in Wyoming und Colorado kam Marsh zu einer vielversprechenden Fossilienfundstelle am Smoky Hill River im westlichen Kansas. Am Thanksgiving-Feiertag im November 1870 speisten die Expeditionsteilnehmer dort bei einem Dinner, nachdem zuvor Coyoten ihre Mulis gehetzt hatten. Am Smoky Hill River untersuchte das Grabungsteam kalkige Ablagerungen („Smoky Hill Chalk") aus der Oberkreidezeit, deren Alter heute mit etwa 87 bis 82 Millionen Jahren angegeben wird. Der „Smoky Hill Chalk" liegt über dem geologisch älteren „Fort Hays Limestone". Beide gehören zur Niobrara-Formation („Niobrara Chalk").

1870 entdeckte Marsh in Kansas das erste Skelett eines Flugsauriers in Nordamerika, den er 1876 als *Pteranodon* („zahnloser Flügel") bezeichnete. Im Gegensatz zu anderen Flugsauriern trug *Pteranodon* keine Zähne im Schnabel. In Europa hatten der Franzose George Cuvier bereits 1809 den Flugsaurier *Pterodactylus* („Flugfinger"), der Deutsche Hermann von Meyer 1846 *Rhamphorhynchus* („Schnabel-Schnauze") und der Brite Richard Owen 1859 *Dimorphodon* („zwei Arten von Zähnen") wissenschaftlich beschrieben. Als größte Art der Gattung *Pteranodon* gilt die Art *Pteranodon sternbergi* mit einer Flügelspannweite bis zu neun Metern. Zumindest was die Größe betrifft, übertraf der riesige Flugsaurier *Pteranodon* aus Nordamerika seine „Konkurrenten" aus Europa. Die größte Art von *Pterodactylus* erreichte eine Flügelspannweite bis zu 75 Zentimetern. *Rhamphorhynchus* brachte es zu einer Flügelspannweite bis zu maximal 1,75 Metern.

Im bitterkalten Dezember 1870 fand Marsh im Kalkgestein am Smoky Hill River in Kansas ein Schienbein-Fragment („YPM 1205") von einem fossilen Vogel, dessen wahre Natur er aber nicht erkannte. Dabei handelte es sich, wie man heute weiß, um den ersten Fund eines *Hesperornis*. Auch die Expedition von Marsh im Dezember 1870 wurde

*Lebensbild des Flugsauriers Pterodactylus,
geschaffen von dem Tiermaler F. John im Jahre 1902*

Bild auf Seite 21:

*Lebensbild der Flugsaurier Rhamphorhynchus (oben),
Pterodactylus und Scaphognathus (unten),
geschaffen von Charles Whymper (1853–1941)*

Französischer Naturforscher
George Cuvier (1769–1832)

von Soldaten begleitet, weil Angriffe feindlich gesinnter Indianer zu befürchten waren.

Im Juli 1871 stieß Othniel Charles Marsh bei der Suche nach weiteren Flugsaurierknochen am Südufer des Smoky Hill River, etwa 32 Kilometer von Fort Wallace entfernt, auf das Skelett eines großen flugunfähigen Vogels ohne Kopf („YPM 1200"). Bei dieser zweiten „Yale College Scientific Expedition" wurde Marsh von zehn Studenten und erneut von Soldaten begleitet. Während der Expedition herrschte große Hitze mit Temperaturen bis zu 48 Grad Celsius.

Auch Edward Drinker Cope unternahm 1871 eine Expedition in das Tal des Smoky Hill River in Kansas. Über das Ergebnis seiner 17-tägigen Expedition informierte er am 9. Oktober 1871 brieflich den Geologen Peter Lesley (1819–1903), den Sekretär und Bibliothekar der „American Philosophial Society". Sein Brief wurde am 20. Oktober 1871 bei einem Meeting der „American Philosophical Society" verlesen und 1872 in den „Proceedings of the American Philosophical Society" abgedruckt.

Im November 1872 suchte Marsh bei der dritten „Yale College Scientific Expedition" erneut nach Fossilien in Kansas. Diesmal begleiteten ihn vier Studenten. Einer dieser Studenten namens Thomas H. Russel hatte das Glück, bei Russel Springs ein fast komplettes großes Vogelskelett mitsamt 25,1 Zentimeter langem Kopf zu finden. Bei diesem Fossil mit der Fundnummer „YPM 1206" erkannte Marsh, dass es Zähne in beiden Kiefern trug. Russel wurde später Arzt und behandelte Marsh bis zu dessen Tod.

1872 beschrieb Marsh den großen flugunfähigen Vogel aus der Kreidezeit von Kansas als *Hesperornis regalis*. Der Gattungsname *Hesperornis* heißt zu deutsch „Vogel des Westens" (griechisch: hesperos = Westen, ornis = Vogel). Als Typusexemplar wählte er das Skelett ohne Kopf mit der Fundnummer „YPM 1200" vom Juli 1871. Die Entdeckung eines Vogels mit Zähnen in den USA stellte eine wissenschaftliche Sensation ersten Ranges dar. Bis dahin hatte man vom Urvogel *Archaeopteryx lithographica* aus der Oberjurazeit vor etwa

Bild auf Seite 25:

*Zeichnung eines unbekannten Künstlers
aus dem Buch „Buffalo Land" (1872),
das William E. Webb
für die amerikanische Eisenbahngesellschaft
„Kansas Pacific Railroad"
geschrieben hatte.
Die Abbildung zeigt urzeitliche Tiere,
deren fossile Reste am Smoke Hill River in Kansas gefunden
und von dem Paläontologen Edward Drinker Cope
erstmals wissenschaftlich beschrieben wurden.
Vermutlich entstand die Zeichnung unter Anleitung
von Cope.*

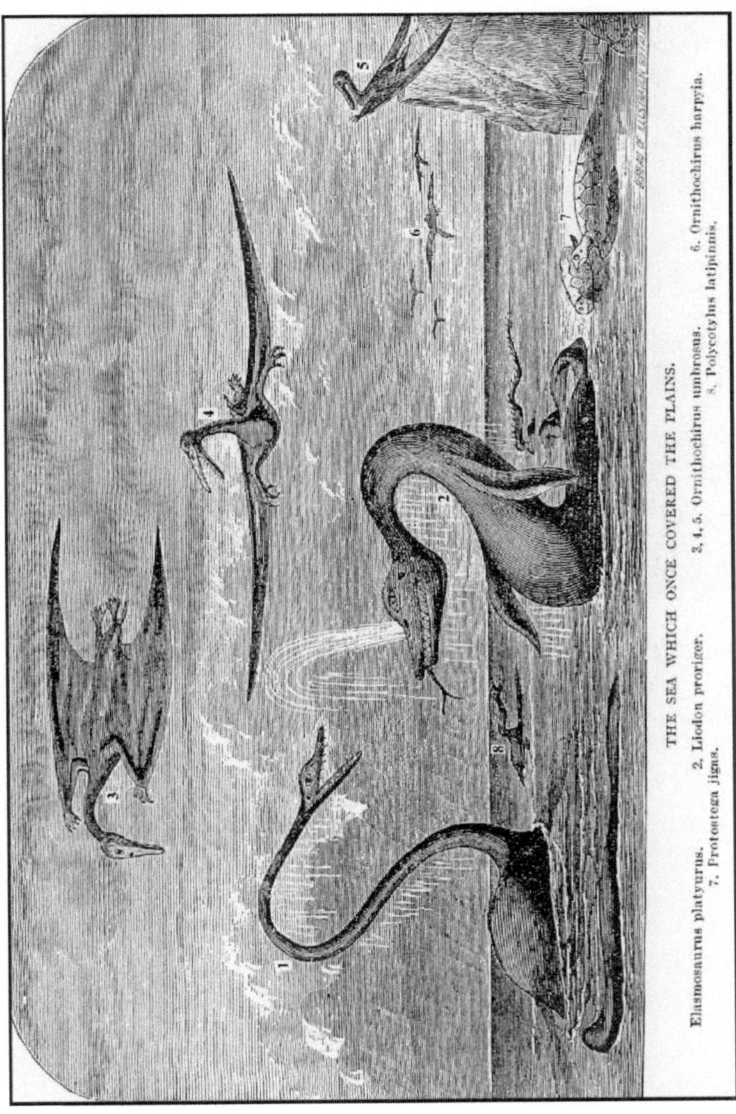

THE SEA WHICH ONCE COVERED THE PLAINS.
Elasmosaurus platyurus. 2. Liodon proriger. 3, 4, 5. Ornithochirus umbrosus. 6. Ornithochirus harpyia.
7. Protostega jigas. 8. Polycotylus latipinnis.

*Teilnehmer der dritten „Yale College Scientific Expedition" von 1872:
Othniel Charles Marsh steht hinten in der Mitte,
der Student Thomas H. Russel sitzt vorne links.*

150 Millionen Jahren in Bayern noch keinen Kopf mit Zähnen gefunden. Beim ersten fragmentarisch erhaltenen Urvogel-Fund von 1855 aus Jachenhausen bei Riedenburg fehlte der Kopf. Überdies wurde dieses Fossil bis 1970 als Flugsaurier fehlgedeutet. 1860 kam im Gemeindesteinbruch von Solnhofen ein Federabdruck auf zwei Platten zum Vorschein. Der Frankfurter Paläontologe Hermann von Meyer (1801–1869) bezeichnete den Federfund als *Archaeopteryx lithograhica*. Auch beim 1861 in einem Steinbruch auf der Langenaltheimer Haardt unweit von Solnhofen geborgenen Urvogel-Skelett mit gut erkennbaren Federabdrücken, zwei Flügeln und einem langen mit Federn bekleideten Schwanz blieb der Kopf nicht erhalten. Erst auf dem zwischen 1874 und 1876 auf dem Blumenberg bei Eichstätt entdeckten *Archaeopteryx*-Skelett saß auch der Kopf mit Zähnen. Von 1855 bis heute wurden insgesamt elf mehr oder minder gut erhaltene Skelette von Urvögeln gefunden, davon einige mit Kopf und Zähnen.

Hesperornis regalis war bis zu 1,80 Meter lang. Der Paläontologe Samuel Wendell Williston (1852–1918) schrieb 1898, *Hesperornis* sei in ausgestreckter Haltung sechs Fuß (etwa 1,80 Meter) lang und stehend drei Fuß (90 Zentimeter) hoch. Der Kopf hatte lange, schmale Kieferknochen mit kleinen, scharfen Zähnen. Diese Zähne saßen nicht in einzelnen Zahnhöhlen, sondern wie bei den gleichzeitig vorkommenden Mosasauriern („Maas-Echsen") in einer Längsrille. Im vorderen Teil des Oberkiefers und an der Spitze des Unterkiefers befanden sich keine Zähne. Dieser Bereich wurde vermutlich vom Schnabel bedeckt. *Hesperornis* besaß winzige Stummelflügel und riesenhafte Füße. Wie bei Haubentauchern sind die Zehen von *Hesperornis* mit so genannten Zehenlappen ausgestattet gewesen. Ihre einzelnen Zehen wurden von Hautlappen umsäumt. Heutige Enten dagegen verfügen über Schwimmlappen.

Offenbar hatte dieser große Vogel das Fliegen verlernt und sich stattdessen an das Schwimmen und Tauchen angepasst. Der Tauchvogel *Hesperornis* schwamm mit kräftigen Schlägen seiner breiten, weit hinten

*1860 entdeckter Federabdruck des Urvogels Archaeopteryx
auf der Negativplatte aus dem Kohler'schen Anteil
des Gemeindesteinbruches von Solnhofen in Mittelfranken,
Original in der Bayerischen Staatssammlung
für Paläontologie und Geologie, München*

Frankfurter Paläontologe Hermann von Meyer (1801–1869).
Er hat den Federfund von 1860 wissenschaftlich beschrieben.
Der von ihm für die Feder vorgeschlagene Name
Archaeopteryx lithographica wurde
auch für die Skelettreste des Urvogels verwendet.

*1861 entdecktes Skelett des Urvogels Archaeopteryx
von der Langenaltheimer Haardt
unweit von Solnhofen in Mittelfranken (Bayern).
Das Original wird im „Natural History Museum" in London
nicht öffentlich aufbewahrt.*

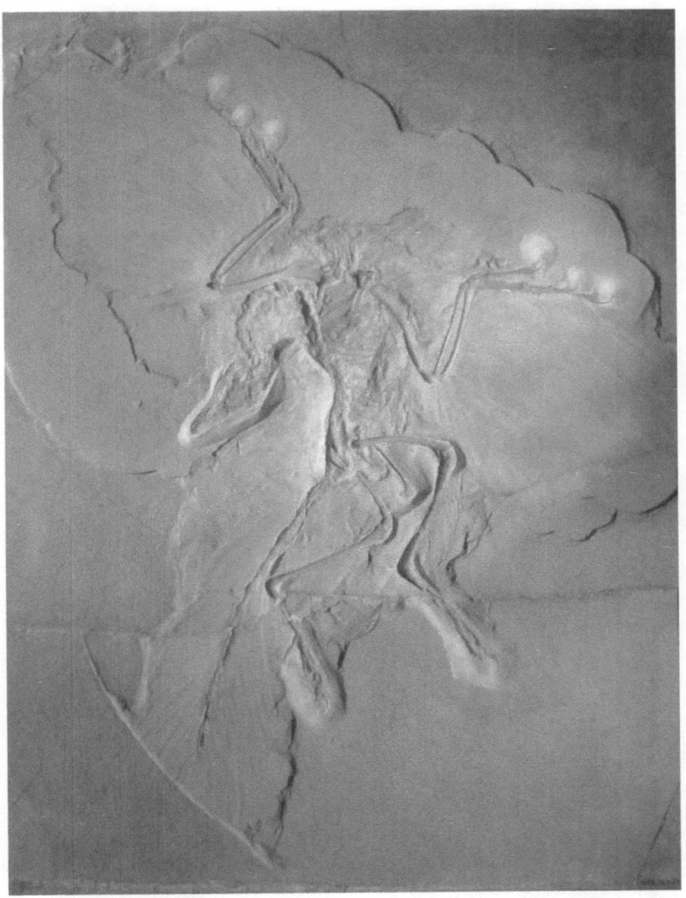

*Zwischen 1874 und 1876 entdecktes Skelett
des Urvogels Archaeopteryx
vom Blumenberg bei Eichstätt in Oberbayern,
Das Original wird im „Museum für Naturkunde" in Berlin
aufbewahrt.*

*Lebensbild des Urvogels Archaeopteryx,
geschaffen von dem Berliner Tiermaler
Heinrich Harder (1858–1935)*

am Körper ansetzenden Schwimmfüße. Sein Bewegungsablauf ähnelte demjenigen eines heutigen Eis- oder Haubentauchers. Die Länge und die Form der Hüftknochen sowie die Position der Hüftpfanne von *Hesperornis* ähnelten jenen des Eistauchers *(Gavia immer)*. Im Wasser jagte *Hesperornis* schnelle Fische und Tintenfische. Glitschige Beutetiere packte er mit seinem langen Schnabel. Seine vielen spitzigen Zähne verhinderten, dass die Beute wieder entgleiten konnte. Heutige Seetaucher können bis zu 75 Meter tief tauchen und maximal acht Minuten unter Wasser bleiben. Wie jetzige Seetaucher dürfte *Hesperornis* an Land eher unbeholfen gewesen und leicht ein Opfer von Fressfeinden geworden sein.

Man nimmt an, dass *Hesperornis* wie Seetaucher nahe des Wassers genistet hat. Jungtiere sollen sehr schnell und kontinuierlich bis zum Erwachsenenalter gewachsen sein.

Als Lebensraum von *Hesperornis* gelten flache Schelfmeere wie der „Western Interior Seaway" (auch „Cretaceous Interior Seaway"), der in der Kreidezeit Nordamerika von Norden nach Süden durchzog, die Turgai-Meeresstaße (auch „Westsibirische Meeresstraße), die Europa und Asien trennte, sowie die urzeitliche Nordsee. Das Wasser in diesen Flachmeeren war viel wärmer als heute, so wie heute in den Subtropen oder Tropen. Viele Funde von *Hesperornis* stammen aus marinem Kalkgestein in Kansas und marinem Schiefergestein in Kanada. Einige der geologisch jüngsten Fossilien von *Hesperornis* befanden sich in Süßwasserschichten im Binnenland.

Hesperornis regalis gilt als die bekannteste Art der Gattung *Hesperornis*. Zahlreiche Funde dieser Art stammen aus der oberkreidezeitlichen Niobrara-Formation vor etwa 83,5 bis 80,5 Millionen Jahren. Nur von *Hesperornis regalis* liegt ein fast vollständiger Schädel vor.

Nach 1873 unternahm Marsh nur noch selten Expeditionen, um selbst nach Fossilien zu suchen. Ungeachtet dessen erhielt er weiterhin zahlreiche Funde, weil er Sammler hierfür bezahlte. Im Laufe der Zeit gingen rund 50 Fossilien von *Hesperornis* in seinen Besitz. Im Juli

Der „ Western Interior Seaway"
(auch „ Cretaceous
Interior Seaway") durchzog
in der Kreidezeit Nordamerika
von Norden nach Süden.

*Veraltete Rekonstruktion von Hesperornis aus dem Jahre 1880
durch Othniel Charles Marsh*

Amerikanischer Geologe
Benjamin Franklin Mudge (1817–1879)

1875 fand der Geologe Benjamin Franklin Mudge (1817–1879) ein weiteres Skelett von *Hesperornis regalis* (Fundnummer 1207)

Außer *Hesperornis regalis* hat Marsh weitere Arten der Gattung *Hesperornis* untersucht und benannt. 1876 beschrieb er die Art *Lestornis crassipes,* die etwas größer als *Hesperornis regalis* war und heute *Hesperornis crassipes* heißt. *Hesperornis crassipes* hatte fünf Rippen, *Hesperornis regalis* dagegen vier Rippen. Auch das Brustbein und die Unterschenkelknochen dieser beiden Arten unterschieden sich anatomisch. 1876 erfolgte auch die Beschreibung von *Hesperornis gracilis* und 1893 von *Hesperornis altus* durch Marsh.

Irrtümlicherweise glaubte Marsh, *Hesperornis* habe nur im Gebiet von Kansas existiert. Deshalb bezeichnete er eine in Montana entdeckte Form als *Coniornis altus.* Andere Forscher widersprachen ihm aber und ordneten *Coniornus altus* der Art *Hesperornis altus* zu. Noch heute verwenden Experten beide Artnamen. Eine weitere Art aus Montana erhielt 1915 von dem amerikanischen Ornithologen Robert Wilson Shufeldt senior (1822–1895) den Namen *Hesperornis montana.*

Kopflos war ein Skelett von *Hesperornis regalis,* das 1907 im „Smoky Hill Chalk" bei Twin Butte Creek in Logan County (Kansas) geborgen wurde. Entdecker war der kanadische Paläontologe Charles Mortram Sternberg (1885–1981), der älteste Sohn des erfolgreichen amerikanischen Fossiliensammlers Charles H. Sternberg (1850–1943). Dieses Fossil mit der Fundnummer „AMNH FR 5100" befindet sich heute in der Sammlung des „American Museum of Natural History". Im Online-Lexikon „Wikipedia" wurden im Herbst 2014 neun *Hesperornis*-Arten aufgezählt. Davon sind acht aus Nordamerika und nur eine, nämlich *Hesperornis rossicus,* aus Russland. Einige Arten wurden früher nur anhand einzelner Knochen oder sogar nur eines einzigen Knochens beschrieben. Nur als Synonyme von *Hesperonis* gelten die 1876 und 1893 von Marsh geprägten Gattungsnamen *Lestornis* und *Coniornis* sowie der 1903 von dem amerikanischen

Foto auf Seite 39 oben:

Skelett von Hesperornis regalis
in Schwimmhaltung
im „National Museum
of Natural History"
in Washinton

Foto auf Seite 39 oben:

Skelett von Hesperornis regalis
im „Canadian Fossil Discovery Centre"
in Morden

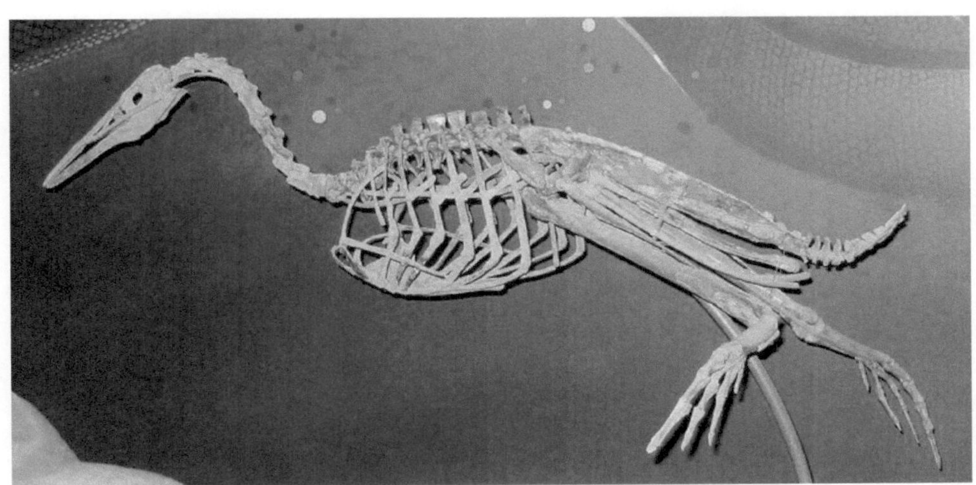

Hesperornis regalis

Lebensbild von Hesperornis von
Robert W. Shufelt (1850–1934) aus dem „Century Magazine"
von 1886

Lebensbild von Hesperornis
von Joseph Smit (1836–1929)
aus dem Werk „Creatures of Other Days" (1894), England

Lebensbild von Hesperornis
von Sydney Arthur Prentice (1873–1943)
von 1898

Lebensbild von Hesperornis
von Joseph Smit (1836–1929)
aus „Nebula to Man" (1905), England

Lebensbild von Hesperornis
von F. John von 1906.
Über diesen Künstler ist nichts Näheres bekannt.

Bild auf Seite 45:

Lebensbild von Hesperornis
von Heinrich Harder (1858–1935)
in der Zeitschrift „Gartenlaube“ von 1906

Bild Seite 47 oben:

Lebensbild von Hesperornis
aus der Serie „ Tiere der Urwelt " (1916)
des Berliner Tiermalers
Heinrich Harder (1858–1935)

Bild Seite 47 unten:

Lebensbild von Hesperornis
von Nobu Tamura, http://spinops.blogspot.com

HEINRICH HARDER

*Rekonstruktion des Skelettes von Ichthyornis aus dem Jahre 1886
nach Othniel Charles Marsh*

Biologen Frederick Augustus Lucas (1852–1929) verwendete Gattungsname *Hargeria.*

Die russischen Wissenschaftler Lew Alexandrowitsch Nessov (1947–1995) und A. A. Jarkov (auch Yarkov) beschrieben 1993 erstmals eine neue Art der Gattung *Hesperornis* außerhalb von Nordamerika. Diese wurde in der Nähe von Wolgograd in Russland gefunden, bekam den Namen *Hesperornis rossicus* und soll etwa 1,40 Meter lang gewesen sein. Auch zwei Fossilien aus Rostow am Don in Russland werden *Hesperornis rossicus* zugeordnet.

2002 erkannten der amerikanische Paläontologe Larry D. Martin (1843–2013) und der koreanische Paläontologe Jong-Deock Lim unter Fossilien, die bis dahin unerforscht gewesen waren, mehrere neue Arten von *Hesperornis.* Dazu gehören die sehr kleinen Arten *Hesperornis mengeli* und *Hesperornis macdonaldi,* die etwas größere Art *Hesperornis bairdi* sowie die sehr große Art *Hesperornis chowi.* Jene Funde stammen aus South Dakota (USA) und Alberta (Kanada) und sollen etwa 80 Millionen Jahre alt sein.

Wenn man Vögel als befiederte Dinosaurier betrachtet, was heute die meisten Paläontologen tun, waren *Hesperornis* und andere Hesperornithiformes die einzigen Dinosaurier, welche im Erdmittelalter (etwa 252 Millionen bis 66 Millionen Jahre) die Ozeane besiedelten. Die ebenfalls im Meer lebenden Ichthyosaurier (Fischsaurier) und Plesiosaurier gelten nicht als Dinosaurier.

Ichthyornis

1870 wurde an der Nordgabel des Solomon River in Kansas eine Kalksteinplatte mit fossilen Resten eines kleinen flugfähigen Vogels aus der Oberkreidezeit entdeckt, den Othniel Charles Marsh 1872 als *Ichthyornis* („Fischvogel") beschrieb. Anfangs wusste allerdings niemand, von welchem Tier die im Kalkstein eingebetteten Knochen stammten. Entdecker dieses Fossils war der bereits erwähnte Geologe Benjamin Franklin Mudge, Professor am „Kansas State Agricultural

Lebensbild von Ichthyosauriern (Fischsaurier)
des Berliner Tiermalers Heinrich Harder (1858–1935)

Lebensbild von Plesiosauriern
des Berliner Tiermalers Heinrich Harder (1858–1935)

*Skelettrekonstruktion von Ichthyornis,
hergestellt von der „Triebold Paleontology, Inc."
und ausgestellt im „Rocky Mountain Dinosaur Resource Center"
in Woodland Park (Colorado)*

College". Mudge betätigte sich als eifriger Fossiliensammler und belieferte Wissenschaftler mit seinen Funden. Eigentlich hatte er damals eine Partnerschaft mit Edward Drinker Cope, dem Kontrahenten des Paläontologen Othniel Charles Marsh.

Der Paläontologe Samuel Wendell Williston schilderte 1898 in seiner Abhandlung „A brief history of fossil collecting in the Niobrara Chalk prior to 1900", wie Marsh in den Besitz dieser Vogelfossilien gelangte. Williston war von 1876 bis 1885 als Assistent bei Marsh am „Peabody Museum of Natural History" an der „Yale University" tätig gewesen. Williston zufolge schrieb Marsh 1872 einen Brief an Mudge, mit dem er sich schon als junger Mann angefreundet hatte, und machte ihm ein verlockendes Angebot. Marsh erklärte sich dazu bereit, alle wichtigen Fossilfunde von Mudge kostenlos zu identifizieren und ihm einen Kredit für seine Expeditionen geben. Mudge willigte ein und ersetzte die Adresse von Cope auf der versandbereiten Kiste, in der sich die Kalksteinplatte mit dem Vogelresten befand, durch diejenige von Marsh. Dieser Vorfall trug nicht dazu bei, die angespannten Beziehungen zwischen Cope und Marsh zu verbessern.

Nach Erhalt des Fundes erkannte Marsh zunächst noch nicht die wahre Natur aller Knochenreste auf der Kalksteinplatte. Er glaubte irrtümlich, es handle sich um Knochen von zwei unterschiedlichen Tieren. Nämlich einen kleinen Vogel, bei dem der Schädel zu fehlen schien, und Kieferbruchstücke mit winzigen Zähnen eines unbekannten Reptils. Weil die Wirbel des Vogels denen eines Fisches ähnelten, bezeichnete Marsh ihn in seiner Erstbeschreibung von 1872 als *Ichthyornis* („Fischvogel"). Später beschrieb Marsh im selben Jahr die Kieferreste mit Zähnen als bisher unbekannte Art eines Meeresreptils, das er *Colonosaurus mudgei* nannte. Mit dem Artnamen *mudgei* ehrte er den Entdecker Benjamin Franklin Mudge.

Anfang 1873 erkannte Marsh seinen Fehler. Als er die Kieferreste mit Zähnen sorgfältig präparierte und untersuchte, stellte er fest, dass diese wie die übrigen Knochenreste von einem Vogel stammten. Es handelte sich also nicht um zwei verschiedene Tiere, sondern nur um ein einziges

Britischer Naturforscher
Charles Darwin (1809–1882)

Tier derselben Art. 1873 erklärte Marsh, die glückliche Entdeckung der interessanten Vogelfossilien aus der Kreidezeit trage dazu bei, die alten Unterschiede zwischen Vögeln und Reptilien zu brechen. Da *Ichthyornis* ungewöhnliche Merkmale – wie auf beiden Seiten konkav geformte Wirbel und Zähne in den Kiefern – besaß, stellte Marsh eine neue Unterklasse auf. Diese nannte er Odontornithes („Zahnvögel") und rechnete sie der neuen Ordnung Ichthyornithes (später Ichthyornithiformes) zu.

Der britische Naturforscher Charles Darwin (1809–1882), der 1859 sein bahnbrechendes Werk über die Entstehung der Arten veröffentlicht hatte, schrieb 1880 in einem Brief an Marsh, *Ichthyornis* und *Hesperornis* seien die beste Unterstützung für seine Evolutionstheorie (Abstammungslehre). Nach dieser Theorie hat sich das Leben im Laufe der Erdgeschichte aus niedrigeren Formen zu höheren entwickelt. Wegen seiner Unterstützung für Darwin wurde Marsh von Gegnern der Evolutionstheorie grundlos beschuldigt, Fossilien manipuliert und eine Falschmeldung über einen Vogel, der Zähne hatte, verbreitet zu haben. Fossile Reste von *Ichthyornis* kamen in rund 100 bis 70 Millionen Jahre alten Ablagerungen aus der Oberkreidezeit in Alberta und Saskatchewan (Kanada) sowie Kansas, New-Mexico und Texas (USA) zum Vorschein. Auch manche Fossilien aus Argentinien und Zentralasien werden zuweilen der Gattung *Ichthyornis* zugerechnet. Wie *Hesperornis* lebte auch *Ichthyornis* am Flachmeer „Western Interior Seaway", das in der Kreidezeit Nordamerika von Norden nach Süden durchzog. *Ichthyornis* besaß urtümliche Merkmale wie Kiefer mit zahlreichen kleinen Zähnen. Wegen seines modernen Brustbeins sowie seiner modernen Flügel dürfte er ein guter Flieger gewesen sein.

Ichthyornis hatte vermutlich eine Lebensweise wie heutige Möwen oder Sturmvögel. Die meisten Sturmvögel fressen kleine Fische und Meerestiere wie Tintenfische, die sie dicht unter der Meeresoberfläche erbeuten. Manche ernähren sich von Plankton und andere fressen Aas, beispielsweise im Meer treibende Wale. Sie brüten in großen Kolonien in Küstennähe.

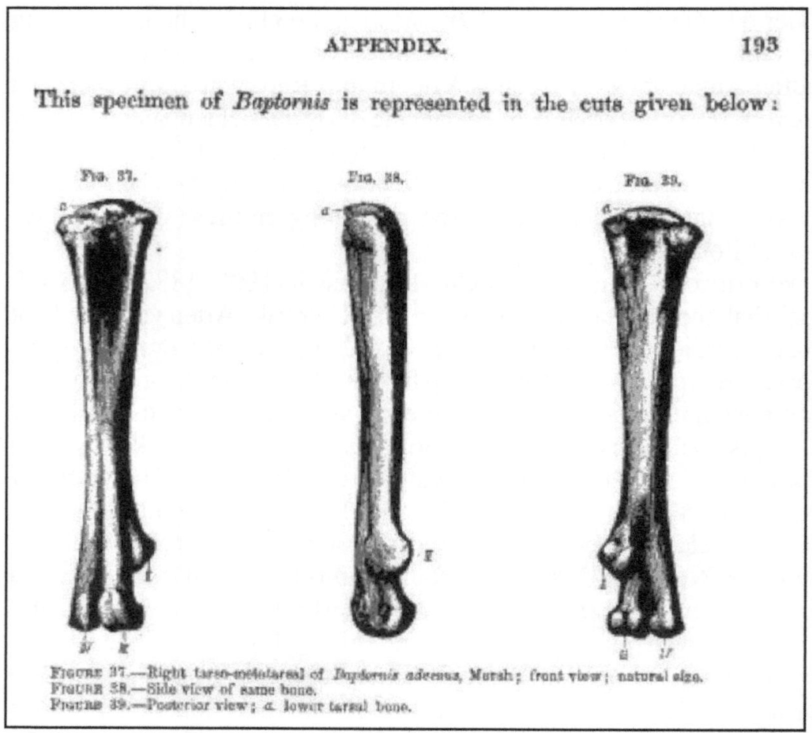

*Laufknochen (Tarsometatarsus) von Baptornis advenus
von verschiedenen Seiten gesehen
auf einer Zeichnung von Othniel Charles Marsh von 1880*

Von den früher beschriebenen verschiedenen Arten wird seit einer Neubearbeitung durch die amerikanische Paläontologin Julia A. Clarke aus dem Jahr 2004 nur noch die Art *Ichthyornis dispar* anerkannt.

Baptornis

Der rund einen Meter lange *Baptornis advenus* wurde 1877 von dem amerikanischen Paläontologen Othniel Charles Marsh erstmals wissenschaftlich beschrieben. Der Gattungsname *Baptornis* bedeutet „Tauchender Vogel". Dieser flugunfähige Vogel lebte in der Oberkreidezeit vor etwa 87 bis 80 Millionen Jahren in Nordamerika. Die ersten fossilen Reste wurden in Kansas (USA) gefunden, das damals weitgehend vom Flachmeer „Western Interior Seaway" bedeckt wurde, welches Nordamerika von Norden nach Süden teilte.
Obwohl bisher noch kein Schädel von *Baptornis* gefunden wurde, nimmt man an, dass er Zähne im Schnabel trug. Die Zähne verhinderten, dass erbeutete Fische oder andere glitschige Beutetiere wieder entglitten. Zähne passender Größe und Form befanden sich in denselben Gesteinsschichten, aus denen Knochen von *Baptornis* geborgen wurden. Diese Zähne scheinen von einem Vogel und nicht von einem Dinosaurier zu stammen. *Baptornis* besaß einen langen Hals, verkümmerte Flügel, kräftige Beine, große Füße und lange Zehen. Die Knochen waren ähnlich kompakt und schwer wie bei Säugetieren. Dies verbesserte die Tauchfähigkeit und trug dazu bei, dass Fossilien von *Baptornis* besser erhalten blieben als bei fliegenden Vögeln wie *Ichthyornis*. Sicherlich konnte dieser Vogel nicht fliegen, aber gut schwimmen und tauchen. An Land dagegen dürfte er eher unbeholfen gewesen sein. Im Gegensatz zum größeren *Hesperornis* waren seine Handknochen nicht völlig reduziert. Es blieb offenbar ein winziger fingerartiger Stummel erhalten. Wie bei Seetauchern und Enten befanden sich Schwimmhäute zwischen den Zehen von *Baptornis*. Der seitlich zusammengedrückte Schwanz diente als Ruder. *Baptornis* gehört zur Ordnung der Hesperornithiformes und zur Familie Baptornithidae. Rundliche Kotsteine

*Skelett von Parahesperornis alexi
in der Ausstellung des „National Museum of Nature and Science"
in Tokio (Japan)*

(Koprolithen) eines *Baptornis* verrieten, was dieser Tauchvogel einst fraß. In den Kotsteinen mit einem Durchmesser von etwa einem Zentimeter befanden sich unverdaute Reste des ausgestorbenen Knochenfisches *Enchodus,* der bis zu sechs Zentimeter Länge erreichte. 2007 machten die amerikanischen Paläontologen James E. Martin und Amanda Cordes-Person eine neue Art namens *Baptornis varneri* aus der „Pierre Shale Group" in Fall River County (South Dakota) bekannt. Mit dem Artnamen *varneri* ehrten sie den Entdecker Dan Varner, der einige Jahre zuvor dieses Fossil gefunden hatte. Als Synonym von *Baptornis* gilt der 1933 von dem ungarischen Paläontologen Kálmán Lambrecht (1889–1936) vorgeschlagene Gattungsname *Parascaniornis.*

Parahesperornis

Der kleine Tauchvogel *Parahesperornis alexi* aus der Oberkreidezeit vor etwa 85 bis 82 Millionen Jahren wurde 1984 von dem amerikanischen Paläontologen Larry Martin erstmals wissenschaftlich beschrieben. *Parahesperornis* gehört zur Ordnung Hesperornithiformes und zur Familie Hesperornithidae. Von *Parahesperornis* hat man merklich weniger Fossilien gefunden als von dem mit ihm verwandten *Hesperornis.* Fossile Knochen dieses Tauchvogels kamen aus ehemaligen Untiefen des Flachmeeres „Western Interior Seaway" in Kansas (USA) zum Vorschein. 1898 veröffentlichte der Paläontologe Samuel Wendell Williston ein Foto mit Federabdrücken des Fossils „KUVP 2287". Dabei handelte es sich um einen Fund des Fossiliensammlers H. T. Martin von Graham County in Kansas aus dem Jahre 1894. Das Fossil „KUVP 2287" wurde 90 Jahre nach seiner Entdeckung und mancherlei Irrtümern von Larry Martin als Typusexemplar für *Parahesperornis alexi* bestimmt. Als Typusexemplar bezeichnet man einen Fund, auf den der Artname zum ersten Mal angewandt wurde. Früher hatte man „KUVP 2287" irrtümlich mit dem Fossil „YPM 1478", das man 1876 der Art *Hesperornis gracilis* und

Britischer Paläontologe
Harry Govier Seeley (1839–1909)

1903 der Gattung *Hargeria* zurechnete, in einen Topf geworfen. Zwei Fossilien, die *Parahesperornis* sehr ähnlich sind, wurden in der rund 76 bis 66 Millionen Jahre alten Nemegt-Formation am Fundort Tsagaan Kushu in der Mongolei entdeckt.

Enaliornis

Nur die Größe einer heutigen Taube hatte der Tauchvogel *Enaliornis barretti,* der in der Unterkreidezeit vor etwa 135 Millionen Jahren in Europa existierte. Die wissenschaftliche Erstbeschreibung erfolgte 1876 durch den britischen Paläontologen Harry Govier Seeley (1839–1909). Dieser war ab 1876 in London Professor der Geographie am „King's College", „Queen's College" und „Bedford College" sowie Lecturer für Geologie und Physiologie am „Dulwich College". Von 1896 bis 1905 fungierte er als Professor für Geologie und Mineralogie am „King's College". Zu seinen großen wissenschaftlichen Leistungen gehört die heute noch anerkannte Einteilung der Dinosaurier in die Echsenbeckensaurier (Saurischia) und die Vogelbeckensaurier (Ornithischia).
Enaliornis gilt als älteste Gattung aus der Ordnung Hesperornithiformes. Fossile Reste dieses Vogels wurden im Greensand bei Cambridge in England entdeckt. Seeley hatte bei der Erstbeschreibung von 1876 den Gattungsnamen *Pelagornis* („Seevogel") vorgeschlagen. Doch dieser Gattungsname wurde für den bereits 1857 beschriebenen Vogel *Pelagornis miocaenicus* aus Frankreich verwendet. Deshalb wählte Seeley den Gattungnamen *Enaliornis.* Heute sind drei Arten der Gattung *Enaliornis* anerkannt: der kleine *Enaliornis sedgwicki,* der mittelgroße *Enaliornis seeleyi* und der große *Enaliornis barretti.* Erstere zwei wurden 1876 von Seeley beschrieben, letztere erst 2002 von Peter Malcom Galton und Larry Martin. Die drei erwähnten Arten *von Enaliornis* sind die einzigen, die man zur Familie Enaliornithidae rechnet, welche 1888 von Max Carl Anton Fürbringer beschrieben wurde.

Tauchvogel Canadaga bei der Jagd auf Fische (unten Mitte).
Am Himmel fliegen zwei andere Vögel (Ichthyornis).
Rechts unten schwimmt ein Hai (Scapanorhynchus).
Zeichnung von Tony Hisgett

Im Juni 1979 glückte in Russel County (Kansas) der Fund von zwei fragmentarisch erhaltenen Laufknochen-Endstücken (FHSM VP-6318"), die denjenigen von *Eanaliornis* ähneln. Sie gelten als die ältesten Vogelknochen in den USA. Vermutlich sind sie fast so alt wie Vogelfossilien aus der Gegend des Carrot River in Saskatchewan (Kanada).

Canadaga

Der flugunfähige Tauchvogel *Canadaga arctica* aus der Oberkreidezeit vor etwa 67 Millionen Jahren gilt mit einer Länge bis zu 2,20 Metern und einem Lebendgewicht von schätzungsweise mehr als 30 Kilogramm als die größte Art aus der Familie der Hesperornithidiae. Zudem gehört er auch zu letzten Arten dieser Familie. Die wissenschaftliche Erstbeschreibung von *Canadaga* erfolgte 1999 durch den chinesischen Paläornithologen Lian-Hai Hou in Peking. Der von ihm vorgeschlagene Gattungsname *Canadaga* heißt zu deutsch „Kanada-Gans". Dieser Name bezieht sich darauf, dass die ersten fossilen Reste jenes Vogels auf der unbewohnten Insel Bylot Island im Territorium Nunavut in der kanadischen Arktis entdeckt wurden. Dabei handelte es sich um einen fossilen Halswirbel und um zwei Oberschenkelknochen. Jene Fossilien kamen in einer Fundschicht aus dem Maastrichtian vor rund 67 Millionen Jahren zum Vorschein. *Canadaga* existierte – mit geologischen Maßstäben betrachtet – kurze Zeit vor dem Aussterben der nicht gefiederten Dinosaurier und der bezahnten Vögel gegen Ende der Kreidezeit vor ungefähr 66 Millionen Jahren. Zu seinen Lebzeiten war das flache Schelfmeer des „Western Interior Seaway", das Nordamerika von Norden nach Süden teilte, sein bevorzugter Aufenthaltsort.
Ein zweiter Fund von *Canadaga arctica* in der kanadischen Arktis wurde 2010 im „Journal of Systematic Paleontology" bekannt gemacht. Die Wissenschaftler Laura E. Wilson und Karen Chin aus Boulder (Colorado) in den USA, Stephen Cumbaa aus Ottawa (Kanada) und

Gareth Dyke aus Dublin (Irland) berichteten über die Entdeckung von drei fossilen Halswirbeln auf der Insel Devon Island. Der Neufund entspricht bezüglich Form und Größe dem 1999 bekannt gewordenen Erstfund von Bylot Island. Die auf Devon Island geborgenen Halswirbel sind 1,2 bis 1,4 Mal größer als die diejenigen von *Hesperornis regalis*. Vergleiche aller zu den Hesperornithiformes gerechneten kreidezeitlichen Funde aus Nordamerika zeigten, dass die größten Arten *Canadaga arctica* und *Hesperornis regalis* von den höchsten Breiten stammen. Dagegen wurden die kleinsten Arten *Baptornis advenus* und *Parahesperonis alexi* in südlichen Bereichen gefunden. Der mittelgroße *Coniornis* kam bisher nur in mittleren Breiten vor. Das Vorkommen großer Arten in hohen Breiten könnte auf saisonal unterschiedliche Verteilungen des Nahrungsangebotes hindeuten. Denkbar sind aber auch niedrigere Temperaturen des Meerwassers im Norden und höhere Temperaturen des Meerwassers im Süden, die das Wachstum der Kreidevögel beeinflussten.

Nach der „Bergmannschen Regel" steigt bei nahe verwandten gleichwarmen Tierarten die durchschnittliche Körpergröße zu den Polen hin an. Diesen Zusammenhang von durchschnittlicher Körpergröße und Klima hat bereits 1847 der deutsche Anatom und Physiologe Carl Bergmann (1814–1865) beschrieben, nach dem die „Bergmannsche Regel" benannt ist. Im Online-Lexikon „Wikipedia" heißt es hierzu: „Ändert sich die Größe eines Körpers, so ändert sich auch das Verhältnis zwischen Oberfläche und Volumen. Bei einer Vergrößerung des Körpers wächst die Oberfläche langsamer als das Volumen, denn die Oberfläche wächst nur quadratisch, das Volumen dagegen kubisch. Da jeder Körper seine Wärme über die Oberfläche mit der Umgebung austauscht, hat ein großer Körper durch das geringere Oberfläche-Volumen-Verhältnis einen geringeren Wärmeaustausch, das heißt mit zunehmender Körpergröße verringert sich in kalter Umgebung der Wärmeverlust. Je größer also der Körper eines gleichwarmen Tieres ist, desto besser kann es sich in einem kalten Lebensraum gegen Wärmeverlust schützen, weil seine Hautoberfläche im Verhältnis zum Körpervolumen kleiner wird."

Canadaga trug scharfe Zähne, hatte keine Arme und besaß kraftvolle Beine. Im Meer konnte er gut schwimmen und tauchen. Vermutlich hat er Fische gefangen und gefressen. Auf dem Land bewegte er sich schwerfällig und unbeholfen wie ein Pinguin fort.
Bylot Island ist heute wegen seiner gebietsweise steil aufragenden Felsen als Vogelparadies. Dort wurden mehr als 50 Vogelarten beobachtet. Darunter sind etwa 320.000 Dickschnabellummen, 50.000 Dreizehenmöwen und 100.000 Große Schneegänse.

Teile des Vogelskeletts

1 Schädel (Cranium)
2 Halswirbel
3 Gabelbein (Furcula)
4 Rabenbein (Coracoid)
5 Rippe
6 Brustbeinkamm (Carina sterni)
7 Kniescheibe (Patella)
8 Tarsometatarsus
9 erste Zehe
10 Tibiotarsus
11 Wadenbein (Fibula)
12 Oberschenkelknochen
13 Schambein
14 Sitzbein
15 Darmbein
16 Schwanzwirbel
17 Pygostyl
18 Synsacrum
19 Schulterblatt
20 Notarium
21 Oberarmknochen (Humerus)
22 Elle (Ulna)
23 Speiche
24 Carpometacarpus
25 Digitus minor
26 Digitus major
27 Daumen oder Alula (Digitus alulae)

Quelle: Wikipedia

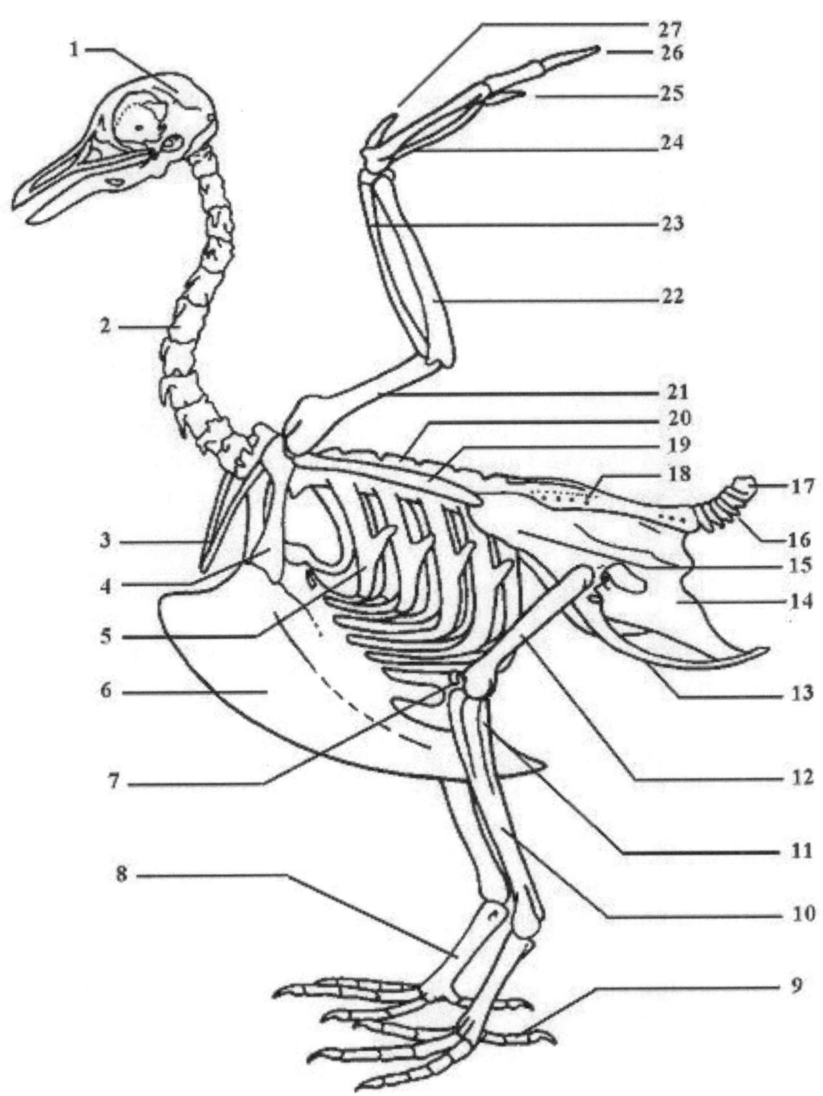

1
2
3
4
5
6
7
8
9
10
11
12
13
14
15
16
17
18
19
20
21
22
23
24
25
26
27

Literatur

COPE, Edward Drinker: A brief account of the expedition of seventeen days, which I have just made in the valley of the Smoky Hill river in Kansas. Proceedings of the American Philosophical Society 12(86): S. 174–176, Philadelphia 1871

COX, Barry / DIXON, Douglas / GARDINER, Brian / SAVAGE, R. J. G.: *Hesperornis regalis*. In: Dinosaurier und andere Tiere der Vorzeit, S. 176, München 1989

COX, Barry / DIXON, Douglas / GARDINER, Brian / SAVAGE, R. J. G.: *Ichthyornis dispar*. In: Dinosaurier und andere Tiere der Vorzeit, S. 176, München 1989

CLARKE, Julia A.: Morphology, Phylogenetic Taxonomy, and Systematics of *Ichthyornis* and *Apatornis* (Avialae: Ornithurae). Bulletin of the American Museum of Natural History 286, S. 1–179, New York City 2004

DESMOND, Adrian: Ausgeburten der Hölle. In: Das Rätsel der Dinosaurier. Leben und Untergang der urzeitlichen Giganten, S. 242–283, München 1981

EVERHART, Mike: *Hesperornis regalis* Marsh 1872. Marine birds with teeths in the Late Cretaceous seas
http://oceansofkansas.com/hesperornis.html

HOU, Lian-Hai: New hesperornithid (Aves) from the Canadian Arctic. Vertrebrata PalAsiatica 37(7), S. 228–233, Bejing 1999

MARSH, Othniel Charles: Discovery of a remarkable fossil bird. American Journal of Science, Series 3, 3(13): S. 56–57, New Haven 1872

MARSH, Othniel Charles: Preliminary description of *Hesperornis* regalis, with notices of four other new species of Cretaceous birds. American Journal of Science 3(17): S. 360–365, New Haven 1872

MARSH, Othniel Charles: Fossil birds from the Cretaceous of North America. American Journal of Science, Series 3, 5(27): S. 229–231, New Haven 1873

MARSH, Othniel Charles: On the Odontornithes, or birds with teeth. American Journal of Science, Series 3, 10(59): S. 403-408, pl. 9–10, New Haven 1875

MARSH, Othniel Charles: Notice of new Odontornithes. American Journal of Science and Arts 11: S. 509–511, New Haven 1876

MARSH, Othniel Charles: Characters of the Odontornithes, with notice of a new allied genus. American Journal of Science 14: S. 85–87, 1 fig. (Namensgebung und Beschreibung von *Baptornis advenus*), New Haven 1877

MARSH, Othniel Charles: Odontornithes: A monograph of the Extinct Toothed Birds of North America., S. 1–201. Report of the United States Geological Exploration of the Fortieth Parallel, Washington 1880

MARSH, Othniel Charles: Birds with Teeth. 3rd Annual Report of the Secretary of the Interior, 3: S. 43–88. Government Printing Office, Washington, D.C. 1883

MARSH, Othniel Charles: A new Cretaceous bird allied to Hesperornis. American Journal of Science 45(265): S. 81–82, New Haven 1893

MARTIN, James E. / CORDES-PERSON, Amanda : A new species of the diving bird Baptornis (Ornithurae: Hesperornithiformes) from the lower Pierre Shale Group (Upper Cretaceous) of southwestern South Dakota. The Geological Society of America, Special Paper 427: S. 227–237, 2007

MARTIN, Larry: A new Hesperornithid and the relationships of the Mesozoic birds. Kansas Academy of Science, Transactions 87: S. 141–150, Lawence 1984

SEELEY, Harry Govier: On the British fossil Cretaceous birds. Quarterly Journal of the Geologic Society of London 32: S. 496–512, London 1876

SHUFELDT, R. W.: The Fossil Remains of a Species of Hesperornis Found in Montana. The Auk 32 (3): S. 290–294, Berkeley 1915

WEBB, William E.: Buffalo Land – An authentic account of the discoveries, adventures, and mishaps of a scientific and sporting party in the Wild West. Philadelphia 1872

WIKIPEDIA (Online-Lexikon) Canadaga
http://de.wikipedia.org/wiki/Canadaga
WIKIPEDIA (Online-Lexikon) Hesperornithiformes
http://de.wikipedia.org/wiki/Hesperornithiformes
WIKIPEDIA (Online-Lexikon) *Ichthyornis*
http://de.wikipedia.org/wiki/Ichthyornis
WIKIPEDIA (Online-Lexikon) Othniel Charles Marsh
http://de.wikipedia.org/wiki/Othniel_Charles_Marsh
WILLISTON, Samuel Wendell: Birds. University Geological Survey
of Kansas 4(2): S. 43–64, 1898
WILSON, Laura E. / CHIN, Karen / CUMBAA, Stephen / DYKE,
Gareth: A high latitude hesperornithiform (Aves) from Devon Island:
palaeobiogeography and size distribution of North
Americanhesperornithiforms. Journal of Systematic Palaeontology,
9: 1, S. 9–23, London 2011

Bildquellen

Autor Ernst Probst

Der Autor

Ernst Probst, geboren am 20. Januar 1946 in Neunburg vorm Wald im bayerischen Regierungsbezirk Oberpfalz, ist Journalist und Wissenschaftsautor. Er arbeitete von 1968 bis 1971 als Redakteur bei den „Nürnberger Nachrichten", von 1971 bis 1973 in der Zentralredaktion des „Ring Nordbayerischer Tageszeitungen" in Bayreuth und von 1973 bis 2001 bei der „Allgemeinen Zeitung", Mainz. In seiner Freizeit schrieb er Artikel für die „Frankfurter Allgemeine Zeitung", „Süddeutsche Zeitung", „Die Welt", „Frankfurter Rundschau", „Neue Zürcher Zeitung", „Tages-Anzeiger", Zürich, „Salzburger Nachrichten", „Die Zeit", „Rheinischer Merkur", „Deutsches Allgemeines Sonntagsblatt", „bild der wissenschaft", „kosmos", „Deutsche Presse-Agentur" (dpa), „Associated Press" (AP) und den „Deutschen Forschungsdienst" (df). Aus seiner Feder stammen die Bücher „Deutschland in der Urzeit" (1986), „Deutschland in der Steinzeit" (1991), „Rekorde der Urzeit" (1992), „Dinosaurier in Deutschland" (1993 zusammen mit Raymund Windolf) und „Deutschland in der Bronzezeit" (1996). Von 2001 bis 2006 betätigte sich Ernst Probst als Buchverleger sowie zeitweise als internationaler Fossilienhändler und Antiquitätenhändler. Insgesamt veröffentlichte er mehr als 300 Bücher, Taschenbücher, Broschüren und über 300 E-Books.

Lebensbild des Laufvogels Gastornis (früher Diatryma genannt) von Monika Betley bei „Wikipedia"

Bücher von Ernst Probst

Aepyornis. Der Vogel, der die größten Eier legte
Archaeopteryx. Die Urvögel aus Bayern
Argentavis. Der größte fliegende Vogel
Brontornis. Riesenvögel in Argentinien
Dinornis. Der größte Vogel aller Zeiten
Dromornis. Der schwerste Vogel aller Zeiten
Gastornis. Der verkannte Terrorvogel
Harpagornis. Der größte Greifvogel der Neuzeit
Hesperornis. Der große Vogel des Westens
Pelagornis. Der größte Meeresvogel
Phorusrhacos. Der riesige Terrorvogel
Rekorde der Urzeit. Landschaften, Pflanzen und Tiere
Rekorde der Urmenschen. Erfindungen, Kunst
und Religion
Tiere der Urwelt. Leben und Werk
des Berliner Malers Heinrich Harder
Dinosaurier von A bis K. Von Abelisaurus
bis zu Kritosaurus
Dinosaurier von L bis Z. Von Labocania
bis zu Zupaysaurus
Dinosaurier in Deutschland
Dinosaurier in Baden-Württemberg
Dinosaurier in Bayern
Dinosaurier in Niedersachsen
Raub-Dinosaurier von A bis Z
Der Ur-Rhein. Rheinhessen vor zehn Millionen Jahren
Als Mainz noch nicht am Rhein lag
Der Rhein-Elefant. Das Schreckenstier von Eppelsheim
Krallentiere am Ur-Rhein

Menschenaffen am Ur-Rhein
Säbelzahntiger am Ur-Rhein
Johann Jakob Kaup. Der große Naturforscher
aus Darmstadt
Säbelzahnkatzen. Von Machairodus bis zu Smilodon
Die Säbelzahnkatze Machairodus
Die Säbelzahnkatze Homotherium
Die Dolchzahnkatze Megantereon
Die Dolchzahnkatze Smilodon
Deutschland im Eiszeitalter
Der Mosbacher Löwe
Höhlenlöwen. Raubkatzen im Eiszeitalter
Der Höhlenlöwe
Eiszeitliche Raubkatzen in Deutschland
Eiszeitliche Geparde in Deutschland
Eiszeitliche Leoparden in Deutschland
Löwenfunde in Deutschland, Österreich
und der Schweiz
Der Höhlenbär
Das Mammut
Monstern auf der Spur. Wie die Sagen über Drachen, Riesen
und Einhörner entstanden
Affenmenschen. Von Bigfoot bis zum Yeti
Nessie. Das Monsterbuch
Seeungeheuer. 100 Monster von A bis Z
Tiere der Urwelt. Leben und Werk des Berliner Malers
Heinrich Harder

Bestellungen bei: www.grin.com